Magia no Crepúsculo

Leonardo Baldaçara

Clin Saúde®

Dados Internacionais de Catalogação na Publicação (CIP)
(Câmara Brasileira do Livro, SP, Brasil)

Baldaçara, Leonardo
Magia no crepúsculo / Leonardo Baldaçara. --
1. ed. -- Palmas, TO : Clin Saude, 2024.

ISBN 978-65-80418-04-6

1. Contos brasileiros I. Título.

24-231443 CDD-B869.3

Índices para catálogo sistemático:

1. Contos : Literatura brasileira B869.3

Aline Graziele Benitez - Bibliotecária - CRB-1/3129

Clin Saúde Ltda
Quadra 401 Sul, Avenida Joaquim Teotônio Segurado, 1, Espaço Médico Empresarial salas 1005 e 1006, Plano Diretor Sul
CEP 77015-550 – Palmas – TO – Brasil
www.clinsaudeto.com

Sumário

Prefácio

O livro Magia no Crepúsculo evoca emoções profundas que podem ser vivenciadas no presente ou até mesmo resgatadas de um passado que, por vezes, ainda nos escapa. De forma hábil, o autor Leonardo Baldaçara, médico psiquiatra, professor e detentor de um extenso currículo profissional, nos conduz por diálogos imaginários entre seus personagens e renomados filósofos e autores cujas obras são verdadeiros pilares do pensamento humano.

Esses colóquios transcendem o tempo e o espaço, ambientados na encantadora Praia da Graciosa, em Palmas, capital do Estado do Tocantins. Ao longo do livro, percebemos que as experiências relatadas parecem refletir o profundo saber adquirido por Baldaçara, tanto em sua prática médica quanto na

observação atenta da vida cotidiana e na vasta leitura de clássicos da literatura e da filosofia.

De forma magistral, o autor tece uma rica intersecção entre vivências humanas e reflexões filosóficas, proporcionando ao leitor uma jornada de autodescoberta e contemplação. Sem dúvida, trata-se de uma obra extraordinária, que contribui significativamente para o entendimento da alma humana e das complexidades da vida.

Francisco Geraldo Sarti de Carvalho

Paciência e perseverança

Dizem que o pôr do sol no Tocantins é o mais belo do mundo. Durante o poente o céu se tinge de tons ardentes, do amarelo ao laranja até o vermelho, enquanto as nuvens parecem aquarelas borradas em tons de rosa e roxo. O espetáculo é ainda mais bonito, pois todos os dias os matizes são diferentes. A natureza, em sua quietude majestosa, rende-se à beleza desse crepúsculo.

Já outros, relatam que por traz dessa beleza há mistério e magia. Existem locais especiais onde se pode apreciar tal momento, como as praias e as orlas. Onde água, céu, luzes formam uma obra de arte todos os dias. Ao mesmo tempo, há histórias de certas aparições de figuras inusitadas quando a luz crepuscular toca a areia.

E em uma daquelas tardes mágicas, nas quais a própria atmosfera parecia conter um encantamento, as ondas do lago na Praia da Graciosa se moviam preguiçosamente na praia, como se quisessem alcançar os últimos raios de sol antes da noite se instalar. O cheiro de peixe e areia impregnava, mesclado com a doçura sutil das flores que se abriam timidamente ao entardecer.

Enquanto a luz diminuía, uma serenidade profunda preenchia o ambiente. Os pássaros, cansados de seu incessante canto diurno, encontravam refúgio nos galhos das árvores, buscando abrigo para a noite que se aproximava. Uma brisa suave dançava delicadamente, acariciando a pele e sussurrando segredos ao ouvido atento. Ali, naquele momento, tudo parecia em suspenso. O mundo ao redor se transformava em uma pintura viva, uma cena imortalizada pela mente.

E lá estava Ethan de 32 anos. Pele clara, cabelo castanho. Depois de um dia de trabalho cansativo preferiu uma breve caminhada na orla para contemplar a paisagem. Enquanto se encantava com a mudança de tons no horizonte pela despedida lenta do sol começou a pensar em seu dia difícil. Pela manhã, logo na primeira reunião tentou apresentar um novo projeto no seu banco. Entretanto, ninguém lhe deu atenção. Depois, percebeu que seus colegas de trabalho nem sequer se esforçavam para entendê-lo. Até que após apresentar diversos argumentos veio a frase "isso é "*Fake News*". "Não podemos aceitar." "Não há prova". "Mudemos de foco." Mais tarde novamente, em outra reunião, tentou apresentar ideias para outro projeto. Começou bem, conseguiu a atenção de alguns colegas, até que um rosto bem fechado no final da mesa disse: isso “é preconceito.” Polpando o leitor dos detalhes resumo e informo aqui que frustrou Ethan que se sentiu não ouvido e não respeitado. E agora, no final da tarde, estava ali pensando sobre o quanto as pessoas não dialogam mais. Olhou para a frente e percebeu que a areia começou a brilhar.

E de um grande clarão saiu Platão e Aristóteles. Pareciam estar também caminhando por ali. Os dois filósofos debatiam intensamente sobre os ideais de justiça, verdade e conhecimento, quando de repente notaram Ethan sentado em um banco próximo, com olhar frustrado.

Curiosos, Platão e Aristóteles se aproximaram e perguntaram o que estava incomodando o rapaz. Suspirou e respondeu: "Estou cansado de discutir com as pessoas nos dias de hoje. Em vez de debaterem com fatos e argumentos, elas preferem usar a tática de que você está dizendo “*Fake News*” ou que minhas palavras são preconceituosas para desacreditar o que digo. É frustrante e parece impossível chegar a um consenso, ou pelo menos, ao respeito e aceitar que as pessoas têm opiniões diferentes. Nesse ritmo, o que será das gerações futuras?

Platão, conhecido por sua busca pela verdade absoluta, olhou para Ethan e disse:

"Compreendo sua preocupação. Na busca pelo conhecimento, a verdade é fundamental. No entanto, lembre-se de que as pessoas na Terra vivem em uma época em que a comunicação se tornou mais acessível, mas também mais suscetível a distorções. O argumento de "*Fake News*", como você chama, é uma tentativa de invalidar um argumento baseado na falsidade ou desinformação. É importante estar preparado para desafiar essas afirmações com fatos sólidos e conhecimento confiável".

Aristóteles, famoso por enfatizar a importância da argumentação lógica, acrescentou: "Além disso, devemos estar cientes de nossos próprios preconceitos e das armadilhas da retórica persuasiva. É fácil cair em uma discussão baseada em preconceitos, onde a emoção toma o lugar do raciocínio lógico. Devemos cultivar a habilidade de identificar esses vieses em nós mesmos e nos outros, e buscar argumentos sólidos e racionais para contrapô-los."

Platão assentiu, concordando com as palavras de seu discípulo. Ele continuou: "Debater é uma arte que exige paciência, perseverança e honestidade intelectual. Não podemos esperar que todos compartilhem de nossas opiniões, mas podemos buscar a verdade através do diálogo respeitoso, da apresentação de evidências convincentes e da disposição para questionar nossas próprias crenças. Devemos lembrar que o objetivo final é o progresso mútuo em direção à compreensão mais profunda da realidade."

Ethan refletiu sobre as palavras dos dois filósofos e agradeceu por sua sabedoria. Inspirado por suas ideias, ele decidiu acatar a seus conselhos de se aprofundar no estudo da lógica, da retórica e da busca pela verdade, para estar mais preparado para enfrentar os desafios das discussões modernas.

Enquanto se despediam, Platão e Aristóteles lembraram a ele que, embora os tempos e as formas de comunicação tenham mudado, os princípios fundamentais da busca pela verdade e do diálogo racional permanecem os mesmos. Ao se empenhar em debates construtivos e respeitosos, é possível superar os obstáculos da desinformação e dos preconceitos, abrindo caminho para um entendimento mais profundo e para a descoberta da realidade.

Ethan permaneceu em meditação contemplando o pôr do sol. Tão concentrado, que nem percebeu Platão e Aristóteles iniciando uma discussão um pouco calorosa sobre o que é realidade. Suas vozes foram diminuindo, diminuindo, até que se apagaram, junto com a luz.

Para amizade: tolerância

Como já informado em outro conto, no crepúsculo do Tocantins, no pôr do sol mais bonito do mundo, a magia acontece. Em outro fim da tarde dois garotos jogavam bola na Praia da Graciosa vestidos com a camisa do Flamengo. Nem perceberam que iniciara o crepúsculo, com suas cores e odores mágicos. Enquanto isso, um terceiro garoto chegou e pediu para jogar. Porém, ele estava com a camisa do São Paulo. Também estava muito suado pelo calor e tinha cheiro forte. Os garotos não deixaram que jogasse. E ele ali ficou imóvel, cabisbaixo, sem entender.

O crepúsculo envolveu o local com suas cores vibrantes e odores encantadores, criando uma atmosfera especial. Foi nesse momento que dois grandes pensadores, Locke e Voltaire, apareceram, como se convocados pela necessidade de resolver o conflito. Locke, conhecido por suas ideias sobre tolerância e igualdade, aproximou-se dos garotos e perguntou com um sorriso gentil: "Vocês estão se divertindo aqui na praia? Parece que estão tendo um ótimo jogo de futebol. Posso me juntar a vocês?"

Os garotos olharam com curiosidade para Locke e responderam: "Claro". Mas, Locke notou o terceiro garoto e perguntou: “E ele? Não pode se juntar a nós”. E os flamenguistas responderam: “Mas, esse garoto torce para o São Paulo." Apontaram para o terceiro garoto, que permanecia afastado, com uma expressão de decepção no rosto.

Voltaire, com sua sagacidade e perspicácia, aproximou-se do terceiro garoto e disse: "Meu jovem amigo, qual é o seu nome? “O garoto respondeu timidamente: "Meu nome é Koda. "Voltaire sorriu e disse voltado aos demais: "Koda, todos têm o direito de serem incluídos e de serem tratados com respeito, independentemente de suas preferências de time ou aparência. O futebol é um esporte que une as pessoas, independentemente das diferenças.” Chegou perto dos outros garotos e continuou: “Por que não damos uma chance a Koda? Ele pode se tornar um grande amigo e um ótimo jogador."

Locke, concordou com as palavras de Voltaire, e acrescentou: "A diversidade é uma força que enriquece nossas vidas. Devemos valorizar as diferenças e aprender uns com os outros. Afinal, o que importa é a paixão pelo jogo e a alegria de compartilharmos momentos juntos."

Inspirados pelas palavras dos dois filósofos, os dois garotos refletiram sobre sua atitude e perceberam que estavam agindo com preconceito e intolerância. Sentindo remorso, eles se aproximaram de Koda, estenderam as mãos e disseram: "Desculpe-nos. Você pode jogar com a gente. Vamos nos divertir juntos!"

Koda, agora radiante, aceitou o convite com um sorriso no rosto. Os garotos colocaram suas diferenças de lado e se entregaram ao jogo, desfrutando da companhia um do outro e criando memórias inesquecíveis naquela praia mágica.

Enquanto a bola rolava na areia e a diversão preenchia o ar, Locke e Voltaire observavam com satisfação. Eles haviam lembrado os garotos sobre os valores fundamentais da tolerância, respeito e amizade, mostrando-lhes que é através da aceitação mútua que podemos construir um mundo melhor.

E assim, na Praia da Graciosa, os ideais filosóficos de Locke e Voltaire encontraram vida, transformando um simples jogo de futebol em uma lição de humanidade e união, provando que, mesmo diante das diferenças, podemos encontrar a harmonia quando escolhemos nos abrir para a diversidade e abraçar o poder transformador do diálogo e do respeito.

Com o terminar o crepúsculo chegou à noite. E assim, como o sol, eles se foram de forma misteriosa.

O Crepúsculo da Fé

Era uma tarde de crepúsculo majestoso como todos dos dias na Praia da Graciosa. O céu se tingia de tons alaranjados e raios dourados, enquanto uma brisa suave acariciava o rosto daquela mulher triste que se encontrava sentada à beira do lago, contemplando o pôr do sol com olhos pensativos.

Seu coração pesava como chumbo, enevoado pelas nuvens negras de uma doença grave que acometia sua mãe. Angústia e incerteza pairavam no ar, como sombras inclementes a roubarem sua esperança. No silêncio dos pensamentos, buscava conforto e respostas para o dilema que a atormentava.

Vanusa tinha 25 anos e estava preocupada. Sua mãe recebera o diagnóstico de câncer de mama logo naquela semana. Ainda não se sabia o prognóstico. O seu maior medo era ficar só, já que não conhecera o pai e não tinha irmãos.

Então, como que por um milagre, surgiu de um raio de luz, diante dela, São Tomás de Aquino, um santo erudito e sábio. Com serenidade, ele se aproximou e disse: "Minha filha, não deixe que a tristeza obscureça sua visão da vida. A dor é inevitável neste mundo, mas a Fé é uma luz que ilumina o caminho mesmo nas trevas mais densas. Acreditar no poder divino, na sabedoria maior que guia os destinos, é encontrar força para enfrentar as provações da existência."

A mulher escutava atentamente as palavras do santo, sentindo um calor reconfortante inundar sua alma. Porém, antes que pudesse responder, Madre Teresa de Calcutá, a santa dos pobres e enfermos, materializou-se ao lado de São Tomás. Seu olhar irradiava compaixão e amor incondicional.

"Minha querida, permita-me reforçar o que São Tomás lhe disse", disse Madre Teresa. "A Fé é uma fonte inesgotável de esperança. Quando entregamos nossas angústias e preocupações nas mãos de Deus, encontramos a paz que ultrapassa qualquer entendimento humano. Acreditar no amor divino nos torna instrumentos de compaixão e auxílio para aqueles que sofrem."

Vanusa sentiu como se o céu tivesse se aberto à sua volta, inundando-a com a luz do entendimento. A presença desses dois seres tão iluminados fortalecia sua Fé, fazendo-a perceber que não estava sozinha em sua jornada. E que sua mãe também.

Com o coração aliviado, ela agradeceu humildemente a São Tomás e Madre Teresa. Eles sorriram gentilmente e, lentamente, desvaneceram-se no horizonte. Mas a chama da Fé que acenderam em seu interior permaneceu inabalável.

Naquela tarde de crepúsculo majestoso, Vanusa voltou para casa com uma nova perspectiva. Ainda havia desafios à sua frente, mas agora ela sabia que a Fé a acompanharia a cada passo do caminho, não só no tratamento de sua mãe como em toda a sua vida. E, enquanto o sol se despedia no horizonte, seu coração se encheu de gratidão e confiança, pois, naquele momento, ela compreendeu que a Fé verdadeira é uma luz que jamais se apaga.

O Crepúsculo da Caridade

Era uma tarde de crepúsculo magnífica Praia da Graciosa. O sol se punha lentamente, pintando o céu diversos tons, enquanto a brisa acariciava suavemente a areia. Um jovem de 22 anos, Imani, descansava sob a sombra de uma palmeira, refrescando-se com uma água de coco.

Enquanto aproveitava a quietude daquele momento, o telefone do rapaz tocou abruptamente. Irritado com a interrupção, ele atendeu a ligação e se deparou com um pedido de doação para uma instituição de caridade. A paciência escassa, ele desligou bruscamente o telefone, resmungando sobre o incômodo de ser incomodado com pedidos incessantes.

Pouco tempo depois, uma senhora de aspecto humilde se aproximou dele, segurando um feixe de panos de prato à venda. Ela sorriu com doçura e pediu a gentileza de sua ajuda na compra de alguns deles. No entanto, a paciência do jovem já estava esgotada e ele se mostrou impaciente e desinteressado.

"Não tenho tempo para isso agora," ele respondeu secamente, afastando a senhora com um gesto impaciente.

Porém, antes que pudesse afastar a senhora completamente, uma luz brilhou intensamente diante dele. Surgiu Buda, com sua serenidade e compaixão imaculadas, irradiando uma aura de paz e sabedoria.

"Meu jovem amigo," disse Buda com uma voz calma e acolhedora. "A caridade é um ato nobre que beneficia não apenas aqueles que a recebem, mas também quem a prática. O amor e a compaixão são chaves para abrir o coração e despertar a verdadeira essência do ser humano."

O rapaz se sentiu envergonhado por sua atitude anterior e, com um olhar mais ameno, escutou atentamente as palavras de Buda.

Mas antes que pudesse responder, outra figura emergiu da luz. Era Peter Singer, o filósofo ético contemporâneo conhecido por sua defesa da ajuda aos mais necessitados.

"De fato," complementou Singer, "nós, que temos mais recursos, temos também a maior responsabilidade de ajudar aqueles que sofrem com a falta do básico. O sofrimento alheio não deve nos deixar indiferentes."

Imani começou a compreender a lição que o destino lhe reservara naquela tarde. Ainda desconcertado com as aparições, ele reconheceu sua falta de empatia e generosidade. Em meio àquela atmosfera de crepúsculo, ele entendeu que a verdadeira caridade não se limita apenas a doações materiais, mas também à disposição de compreender e ajudar o próximo em suas necessidades.

Com o coração abrandado, o rapaz agradeceu humildemente a Buda e Peter Singer. Sentia-se agora comprometido a praticar a caridade com mais frequência, trazendo luz e alívio aos que cruzassem o seu caminho.

Enquanto a noite avançava e as estrelas surgiam no firmamento, o jovem percebeu que, naquele crepúsculo de lições profundas, ele fora agraciado com a sabedoria de mestres iluminados, e estava disposto a cultivar a caridade em seu coração, tornando-se um ser humano mais compassivo e generoso. Mais tarde, sua esposa recebeu dois presentes em casa: dois lindos panos de prato feitos a mão.

A Busca pela Estrela Interior

Era uma vez uma moça de 23 anos chamada Eliza, cujo coração ansiava por alcançar seu verdadeiro destino. Ela se encontrava em uma encruzilhada, onde a faculdade parecia uma estrada íngreme e pedregosa. Acreditava que seus esforços não valiam a pena e que seu curso não a conduziria ao brilho de um bom emprego. Sentia-se perdida e desmotivada, pensando em abandonar tudo.

Em um final de tarde, no crepúsculo de uma das praias mais bonitas do Tocantins, perdia-se em seus pensamentos enquanto saboreava um Tucunaré. Durante uma enigmática rajada de luz, Eliza encontrou-se em uma praça iluminada, onde figuras notáveis caminhavam sob as sombras das árvores. Ali, ela se deparou com ninguém menos que Albert Einstein e Sigmund Freud.

Einstein, com sua expressão serena, aproximou-se de Eliza e disse: "Minha jovem, a vida é como uma equação complexa, repleta de incógnitas e desafios. Mas não se engane, a chave para desvendá-la é a perseverança. Assim como o universo revela seus segredos aos que persistem na busca do conhecimento, também o sucesso se revelará àqueles que persistirem em seus objetivos."

Em seguida, Freud, com sua voz profunda e introspectiva, acrescentou: "Minha cara, o autoconhecimento é a chave para entender seus medos e desejos mais profundos. Acredite em suas habilidades, supere suas inseguranças, e encontrará a força para seguir em frente."

As palavras dos dois mestres ecoaram na mente de Eliza, e a partir daquele momento, ela percebeu que estava diante de uma oportunidade única de redefinir seu caminho. No dia seguinte, ao acordar, o entusiasmo pela busca do conhecimento a invadiu novamente, e uma determinação renasceu em seu coração.

Eliza compreendeu que a dificuldade não era motivo para desistir, mas sim um convite para crescer e se superar. Ela mergulhou nos estudos com dedicação, buscando entender o verdadeiro potencial de sua mente brilhante. A cada desafio vencido, ela sentia-se mais forte e confiante em si mesma.

Os dias se transformaram em semanas, e as semanas em meses. O tempo passava como páginas de um livro emocionante, onde cada capítulo representava um novo aprendizado. A perseverança começou a florescer em Eliza, e ela se viu mergulhada em um mundo de descobertas e realizações.

As palavras de Einstein e Freud tornaram-se seu mantra, guiando-a por cada obstáculo, lembrando-a de que a perseverança e a dedicação eram as chaves para abrir as portas de seu destino.

Com o passar dos anos, Eliza graduou-se na faculdade com louvor, sentindo-se como uma estrela que brilha intensamente no céu noturno. Ela percebeu que, ao persistir em seu caminho e acreditar em si mesma, alcançou algo que outrora parecia impossível.

E assim, a moça de 23 anos encontrou seu verdadeiro propósito e seguiu o exemplo de grandes mentes que a inspiraram. Como uma estrela cadente, ela continuou sua jornada, espalhando luz e sabedoria para todos que cruzassem seu caminho, lembrando-os de que, dentro de cada um, há uma estrela interior, pronta para brilhar se acreditar e perseverar em seus sonhos.

Mergulho singelo

Um senhor chamado Renato com seus 65 anos, havia acabado de se aposentar com uma boa quantia no bolso. Sentia-se como o dono do mundo, caminhando com uma aura de superioridade pela praia da Graciosa. Ao nadar no mesmo local de sempre, imaginava que agora era alguém especial, superior às demais pessoas ao seu redor.

Enquanto o crepúsculo começava a colorir o horizonte, algo extraordinário aconteceu. Na praia vazia, surgiram duas figuras imponentes: Confúcio e Sócrates, ambos trajando apenas shorts e sem camisa, como se fossem dois antigos sábios em um respiro do tempo.

Confúcio, com sua serenidade oriental, aproximou-se do senhor e disse: "A riqueza material é efêmera, assim como as ondas que se quebram na areia. A verdadeira riqueza está em ser humilde, em reconhecer que somos apenas parte deste vasto universo, e não o centro dele. A humildade nos permite aprender com todos ao nosso redor e crescer como seres humanos."

Sócrates, com sua expressão filosófica, complementou: "A verdadeira sabedoria está em conhecer a si mesmo. O conhecimento nos torna humildes, pois percebemos o quão pouco sabemos diante do infinito de coisas a aprender. Não se deixe cegar pela soberba, pois ela pode nos afastar das coisas mais importantes da vida."

O velho sentiu um arrepio percorrer sua espinha, como se estivesse diante de uma epifania. As palavras daqueles sábios atravessavam as barreiras do tempo, atingindo seu coração com a precisão de uma flecha certeira.

As ondas continuavam a quebrar na praia, mas agora ele as enxergava com outros olhos. A grandeza do do lago ensinava que a humildade era a chave para enxergar além do próprio umbigo e compreender a imensidão do mundo ao seu redor.

Confúcio e Sócrates caminharam juntos com o velho pela praia, mostrando-lhe os detalhes singelos que antes ele não enxergava. As cores do céu se misturavam harmoniosamente ao pôr do sol, refletindo nas águas calmas do lago. Os grãos de areia, antes ignorados, mostravam-se como pequenas joias da natureza.

"Na velhice, a humildade é ainda mais importante", disse Confúcio, olhando-o com compreensão. "É o momento em que olhamos para trás e percebemos a brevidade da vida. É quando reconhecemos que a verdadeira grandeza reside na capacidade de amar e ser amável, em compartilhar o conhecimento e a experiência com aqueles que estão começando suas próprias jornadas."

O senhor sentiu as palavras ecoarem dentro de si, transformando-o de dentro para fora. A soberba e a vaidade foram substituídas pela gratidão e pela amabilidade. Ele passou a apreciar cada momento como uma dádiva, uma oportunidade de aprender e crescer como ser humano.

E assim, naquele crepúsculo mágico, o senhor percebeu que a humildade era o tesouro mais valioso que poderia conquistar em sua vida. Enquanto saia, Confúcio e Sócrates, mergulharam e desapareceram nas águas assim como os últimos raios de sol do dia.

Convite angustiante

Nos meandros intricados da existência, um homem, carregando consigo quarenta e dois anos como cicatrizes silenciosas da jornada, defrontava-se com um dilema cujas ressonâncias ecoavam em cada canto da sua alma. O convite, lançado como uma isca tentadora, prometia uma saída dos becos escuros da incerteza, mas também trazia consigo sombras sussurrantes, insinuações perturbadoras sobre os desígnios sombrios dos proprietários da empresa.

Nesse confronto entre desejos imediatos e inquietações morais, ele se via numa encruzilhada, onde a necessidade urgente colidia com os princípios que eram a substância de seu ser. As narrativas secretas, transmitidas nas entrelinhas de conversas furtivas, cresciam como uma neblina obscura, obscurecendo sua visão e lançando dúvidas sobre o passo que ousasse dar.

As noites insones eram um teatro de sombras, onde as vozes da conveniência lutavam contra a ressonância implacável da consciência. Era o palco das incontáveis horas, onde os pensamentos dançavam como labaredas, e a incerteza era um vórtice voraz que ameaçava engoli-lo.

Em busca de clareza, ele se permitiu a um passeio solitário de bicicleta pela Orla da Praia da Graciosa, nas margens límpidas de Palmas, no Estado do Tocantins. O lago, como um espelho calmo, refletia as tonalidades brilhosas de um sol poente, como se a própria natureza compartilhasse seu dilema e oferecesse um conselho silencioso. O sol, afundando gradualmente no horizonte, lançava um espetáculo de cores, como tintas derramadas sobre uma tela divina.

E então, como se os véus entre dimensões se desvanecessem, algo extraordinário aconteceu. Ao seu lado, também de bicicleta, emergiram como aparições mágicas, Sêneca e Kant, suas presenças irradiando uma sabedoria atemporal. Eram figuras de um passado imemorial, trazendo consigo a luz do conhecimento acumulado ao longo das eras.

"Diante das encruzilhadas da vida, as escolhas que fazemos tecem o tecido da nossa identidade", disse Sêneca, sua voz um sussurro suave de reflexão. "A idoneidade é o fio que borda nossa essência, uma marca indelével na tapeçaria da existência."

Kant, com seus olhos perspicazes, acrescentou: "Age de tal forma que tua ação possa ser transformada em uma lei universal. A moral é o farol que ilumina os recifes das decisões, permitindo-nos navegar em direção à verdade."

As palavras dos filósofos se entrelaçaram nos recônditos da mente do homem como uma canção envolvente, uma melodia que o transportou para uma dimensão de compreensão mais profunda. Discorreram sobre a importância de seguir uma senda fundada na integridade, de como as escolhas moldam nossa essência e como a busca pela virtude é uma jornada que transcende o efêmero.

Enquanto o sol derramava seus últimos raios no lago sereno, as vozes dos sábios ecoavam como um eco suave nas profundezas da sua alma. Impregnado por esse encontro fugaz com a sabedoria ancestral, o homem encontrou a clareza e a resolução, como se as névoas do dilema tivessem se dissipado. Parou sua bicicleta e teve coragem de fazer aquela ligação.

Sêneca e Kant continuaram pedalando até desvanecerem na penumbra crepuscular.

Sabedoria, força, beleza e prudência

Sob o sol escaldante da praia da Graciosa, dois rapazes, Pedro e André, sentaram-se em uma mesa no restaurante mais caro do local. Com semblantes sérios, eles despejavam suas frustrações sobre o almoço luxuoso à sua frente.

"Esse chefe é um tirano, não nos deixa fazer nosso trabalho como deveríamos!" disse Pedro, erguendo o copo de vinho com um ar de desdém.

André assentiu, olhando para o lago com um ar pensativo. "E a empresa... parece que está afundando. Não sabemos mais o que fazer para salvá-la."

Enquanto desabafavam, bebiam e comiam com avidez, sem perceber que seus problemas financeiros eram agravados pelas escolhas caras que faziam. O restaurante, com sua atmosfera sofisticada, era um reflexo do padrão de vida que não poderiam mais manter. Em sua conversa fervorosa não notaram o início do crepúsculo, eu espetáculo e a projeção dos raios luminosos.

Nesse momento, surgiu diante deles um homem elegante, com um olhar sábio e sereno. Era Osvald Wirth, que, de forma enigmática, disse: "A sabedoria, a força e a beleza são aliados poderosos na arte de lidar com os desafios da vida.

Seu chefe, como todo líder, pode ser enfrentado com respeito e assertividade. Apliquem-se com dedicação e façam brilhar suas qualidades para encontrar soluções para a empresa."

Pedro e André olharam-se, intrigados com as palavras do homem, mas sentiram que havia verdade nelas. Talvez precisassem reavaliar suas atitudes e demonstrar seu valor de forma mais efetiva.

Enquanto ainda processavam as palavras de Wirth, outro homem aproximou-se deles. Era Baltasar Gracián, cuja aparência envelhecida escondia uma profunda sabedoria. Com um ar prudente, ele disse: "A prudência é uma aliada valiosa nas batalhas da vida. O equilíbrio entre a razão e a emoção é essencial para tomar decisões acertadas. Avaliem suas atitudes com cautela, considerando todas as consequências."

Pedro e André ficaram imersos em reflexão, percebendo que a pressa e a impulsividade poderiam tê-los levado a escolhas questionáveis na empresa e em suas vidas.

Aos poucos, o almoço luxuoso que antes lhes parecia tão atraente começou a pesar em suas consciências. As palavras de Osvald Wirth e Baltasar Gracián ecoavam em suas mentes, despertando neles a necessidade de agir com mais sabedoria e prudência.

Enquanto o sol se punha no horizonte, os rapazes pagaram a conta e saíram do restaurante com uma nova perspectiva. Perceberam que para enfrentar seus desafios, precisavam aplicar seus talentos com sabedoria, força e beleza, enquanto cultivavam a prudência em suas decisões.

Assim, sob o crepúsculo da praia da Graciosa, os rapazes iniciaram uma jornada de autoconhecimento e amadurecimento, sabendo que enfrentar o chefe e os problemas da empresa exigiria não apenas coragem, mas também equilíbrio e discernimento.

Dedicação

Na vastidão serena da Praia da Graciosa, o jovem José caminhava solitariamente, envolto em pensamentos que dançavam como as ondas que beijavam a areia. A brisa fria do lago, com seu sussurro constante, acariciava seus cabelos e parecia carregar as vozes das dúvidas que ecoavam em seu coração. A recente notícia de sua paternidade iminente pairava sobre ele como um véu de esperança e apreensão.

A ausência de seus próprios pais, uma ausência que moldara sua vida, projetava uma sombra única sobre esse novo capítulo. Criado por tios que eram mestres na arte da formalidade, ele observara à distância os laços afetivos que agora se desenrolavam com a chegada de seu próprio filho. O amor, um conceito intangível e fugaz, parecia-lhe um território desconhecido, repleto de curvas e atalhos que ele se sentia desamparado em explorar.

No crepúsculo dourado, enquanto o sol entregava o trono ao manto de estrelas, dois espíritos do passado emergiram: Voltaire e Hubbard, figuras iluminadas cuja presença carregava consigo séculos de sabedoria.

Convidaram então o rapaz para comerem espetinhos de churrasco e conversarem.

Entre mordidas Voltaire declarou: "O amor, caro amigo, é o enigma mais complexo e profundo que a humanidade já enfrentou. Ele nos eleva e nos corrói, nos leva às alturas da alegria e ao abismo do sofrimento."

Hubbard, com um sorriso sereno nos lábios, acrescentou, enquanto degustava os pedaços suculentos: "O amor é a essência que interliga todas as coisas. Ele transcende a temporalidade e nos conecta uns aos outros."

O rapaz estava gostando do espetinho, mas estava confuso com as palavras e com as visitas.

Numa reviravolta surpreendente, a figura de Erich Fromm apareceu de trás do carrinho do vendedor, trazendo consigo a aura da psicanálise e do humanismo. Comendo seu espetinho com prazer, ele se juntou à conversa, enchendo o ar com uma aura de introspecção.

"Muito bem-dito", disse Fromm, saboreando cada pedaço. "O amor é uma arte, é uma ação contínua e consciente que exige dedicação e aprendizado constante. É um ato de entrega, um compromisso de crescimento mútuo."

Enquanto os quatro compartilhavam o churrasco e as palavras sábias, a noite estrelada se desenrolava acima deles, como um vasto quadro cósmico testemunhando o diálogo profundo e introspectivo. As vozes dos mestres do passado ressoavam nos recantos da mente do jovem, como notas harmoniosas de uma melodia intemporal.

Com as últimas brasas do churrasco cintilando como estrelas cadentes, o jovem sentiu uma paz interior, como se as palavras de Voltaire, Hubbard e Fromm tivessem dissolvido as névoas da incerteza que o envolviam.

Ele deixou a praia, levando consigo a certeza de que o amor não era um enigma insolúvel, mas sim um convite à jornada da autodescoberta, da empatia e da aceitação. Enquanto ele se preparava para abraçar a paternidade com seus desafios e recompensas, carregava consigo as reflexões daqueles que haviam decifrado, cada um à sua maneira, os segredos complexos desse sentimento que transcende gerações e unifica a humanidade.

Consenso

Mateus continuava caminhando pela areia, ainda absorvendo as palavras de Adam Smith, mas o peso de sua frustração não se dissipava completamente. Era difícil aceitar que seus vizinhos, com suas opiniões tão limitadas, não conseguissem enxergar o valor de um projeto que beneficiaria a todos a longo prazo. "Eles só querem economizar," pensou. "Não conseguem ver além das despesas imediatas."

Sentou-se em um banco de madeira próximo à orla, observando o reflexo laranja do sol dançando na superfície do lago. O céu agora se tornava mais escuro, com tons de púrpura e azul profundo. Ele se sentia pequeno diante da vastidão do cenário, como se sua raiva e preocupação fossem insignificantes. Ainda assim, o desconforto permanecia.

"Eu deveria tentar outra vez?", perguntou-se em voz baixa.

— Por que não tenta? — A voz suave e familiar de Adam Smith soou de novo, vinda das suas costas.

Mateus virou-se, surpreso, mas sem o choque inicial. Era como se esperasse pela presença de Smith agora, como um mentor invisível que surgia no momento certo.

— Eu pensei que você já tivesse ido — disse Mateus, tentando esconder o cansaço em sua voz.

Smith sentou-se ao lado dele, o olhar sereno fixo no horizonte, como se contemplasse o mesmo pôr do sol que tanto fascinava Mateus.

— Eu nunca realmente vou embora. Estou nas suas ideias, nas suas reflexões, em como você encara o mundo e os outros. A questão aqui não é apenas sobre uma obra ou o dinheiro que seus vizinhos querem economizar. Trata-se da maneira como você se comunica com eles, como enxerga o coletivo.

Mateus inclinou a cabeça, intrigado.

— Como assim?

Smith sorriu com sabedoria.

— Você acredita que a obra vai melhorar a vida de todos, e isso é bom. Mas o que você não parece entender é que cada um tem seus próprios interesses e medos. Para persuadi-los, você precisa compreender o que realmente importa para eles. O medo de gastar dinheiro pode estar enraizado em preocupações maiores, talvez com o futuro, ou com a instabilidade econômica. Eles podem estar pensando no imediato porque sentem que o amanhã é incerto.

Mateus olhou para o chão, jogando pequenos punhados de areia entre os dedos. Ele nunca tinha pensado nisso. Para ele, o projeto era uma questão lógica: o condomínio teria uma área de lazer mais agradável, valorizaria os imóveis, seria um ponto de encontro para os moradores. Mas agora, percebia que o que era óbvio para ele não necessariamente era óbvio para os outros.

— Então, o que eu deveria fazer? — perguntou, finalmente, quebrando o silêncio. — Se eles estão tão presos a essa mentalidade de curto prazo, como posso convencê-los?

Smith respirou fundo, como se estivesse se preparando para dar um conselho muito importante.

— Primeiro, pare de pensar neles como "errados". Eles têm suas próprias razões para hesitar, e você deve respeitar isso. A melhor maneira de convencê-los não é forçando seu ponto de vista, mas ouvindo os deles. Ouça o que eles temem, o que os preocupa. Mostre que você entende essas preocupações e, então, ofereça uma solução que atenda tanto os seus interesses quanto os deles. O consenso não é sobre quem vence, mas sobre como todos podem ganhar, mesmo que isso signifique compromissos.

Mateus suspirou, exausto pela ideia de ter que começar tudo de novo.

— E se não funcionar?

Smith virou-se para ele, seus olhos brilhando com um misto de compaixão e severidade.

— Nem sempre vai funcionar. Nem sempre o consenso será alcançado. Mas isso não significa que você deve desistir. O valor não está apenas no resultado, mas no processo de tentar, de comunicar, de entender. Lembre-se, a harmonia social não surge de imposições, mas da construção conjunta. E essa construção exige paciência.

Mateus ficou em silêncio, absorvendo essas palavras. Sabia que Smith estava certo. Ele não podia forçar seus vizinhos a enxergar o mundo do jeito que ele via. Talvez estivesse sendo egoísta em sua frustração, ignorando o que os outros sentiam.

— Você está certo — disse finalmente. — Talvez eu não tenha feito o esforço de ouvir o que eles realmente querem.

Smith assentiu com um sorriso tranquilo, levantando-se do banco.

— A compreensão mútua é a base de qualquer progresso. Não se trata apenas de ganhar uma discussão, Mateus, mas de construir algo maior, com todos a bordo.

Mateus sorriu, sentindo uma calma inesperada surgir em seu peito. Pela primeira vez em dias, ele não sentia o peso da frustração. O sol havia se posto por completo, deixando a noite cair sobre a praia com uma brisa suave.

Quando se virou para agradecer Adam Smith novamente, ele havia desaparecido. O horizonte estava vazio, exceto pelas luzes distantes da cidade refletindo na água. Mateus sorriu consigo mesmo. Sabia que o verdadeiro Adam Smith nunca havia estado ali, pelo menos não fisicamente. Mas, de alguma forma, suas palavras haviam encontrado um lugar dentro dele.

Agora, ele estava pronto para voltar ao condomínio, conversar com seus vizinhos e tentar, mais uma vez, construir algo que beneficiasse a todos — mas desta vez, com ouvidos abertos e paciência renovada.

Impor ou repartir?

Charlotte descia a avenida que levava à Praia da Graciosa com passos lentos, sentindo o calor do asfalto sob seus tênis. Era o fim da tarde e ela procurava uma resposta que não sabia onde encontrar. O vento morno soprava seus cabelos, como se tentasse acalmar as dúvidas que a atormentavam desde a manhã, na escola.

As amigas discutiam sobre como montar o time de vôlei, cada uma defendendo sua própria ideia com firmeza, mas sem que uma pudesse ouvir a outra. O ar pesado das incertezas e das desavenças pairava sobre elas, e Charlotte, no centro de tudo, sentia-se incapaz de escolher.

Era algo tão simples, um time de vôlei, mas parecia uma decisão monumental para aquela que nunca soube como guiar o grupo. "Por que não posso simplesmente impor minha vontade?", pensava ela, com a testa franzida. Talvez se fizesse isso, as outras aceitassem e tudo se resolveria. Mas havia algo em seu coração que a impedia de seguir esse impulso. Seria egoísmo? Seria medo de errar?

Chegou à areia da praia. O céu já começava a tingir-se de laranja, rosa e dourado, refletindo nas águas do lago que se estendia à sua frente. O pôr do sol sempre fora um consolo para Charlotte, como se aquele momento em que o dia terminava fosse uma pausa silenciosa em que o mundo oferecia respostas.

Ela sentou-se ali, na beira da água, e fechou os olhos por um momento. "O que devo fazer?", sussurrou para si mesma. Quando os abriu novamente, notou duas figuras sentadas ao seu lado, como se sempre tivessem estado ali. Um homem de barba branca, com um olhar sereno, e outro de feições mais firmes, ambos observando o pôr do sol com a mesma quietude que Charlotte buscava.

— Não tenha medo de ouvir, mesmo que seja para discordar — disse o primeiro homem, sua voz suave como o vento. Era Friedrich Hayek, embora Charlotte não soubesse como o reconheceu. Talvez ele sempre tenha vivido em algum canto da sua mente, aguardando o momento de se manifestar. — As decisões que se impõem por vontade própria podem ser rápidas, mas não são duradouras. O consenso, por mais difícil que seja de alcançar, constrói uma base que resiste ao tempo. Cada uma das suas amigas tem uma razão, e sua tarefa é fazer essas razões dialogarem.

Charlotte franziu o cenho. E se o consenso nunca chegasse? E se as amigas simplesmente não cedessem? A dúvida, sempre a dúvida, parecia ser sua única certeza.

— Há uma beleza na tradição do diálogo — disse o outro homem, Edmund Burke, inclinando-se levemente na direção dela. Seu olhar era mais penetrante, como se tentasse ver além das incertezas da menina. — O impulso de impor o que você acredita ser certo é tentador, mas lembre-se de que não construímos nossas vidas sozinhos. Você deve respeitar o processo de escuta, de compreensão do outro. Às vezes, é preciso paciência, e a verdadeira sabedoria vem de reconhecer os limites do próprio entendimento.

Charlotte olhou para o horizonte, onde o sol já começava a mergulhar nas águas calmas do lago. As palavras daqueles homens ecoavam em sua mente, como um conselho antigo que agora fazia sentido. Não se tratava de impor sua vontade ou se anular em prol das amigas. Tratava-se de encontrar um caminho em que todas pudessem caminhar juntas, mesmo que esse caminho fosse tortuoso e lento.

O sol se escondeu por completo, deixando no céu um rastro de luz tênue, como uma promessa de que o dia seguinte traria novas possibilidades. Charlotte suspirou, sentindo-se um pouco mais leve. Sabia que a solução para o time de vôlei não viria de uma imposição, mas de uma construção compartilhada. As vozes de Hayek e Burke ainda ressoavam em seus pensamentos, e ela sabia que, com o tempo, encontraria uma maneira de guiar suas amigas sem abandonar suas convicções, mas também sem sufocar as delas.

A adolescente se levantou e começou a caminhar de volta para casa. As dúvidas ainda existiam, mas agora elas eram companheiras de uma busca mais profunda — a busca pelo equilíbrio entre suas vontades e as dos outros. E, de alguma forma, isso era suficiente para continuar.

Se quiser saber mais

Praia da Graciosa

Praia principal localizada no centro de Palmas, capital do Tocantins. Às margens de um lago artificial criado com as águas do Rio Tocantins, é composta por sua margem cheia de atrações onde se pode caminhar, nadar, remar, jogar, comer, conversar e meditar; pelas águas claras e espelhadas do Tocantins e pelo outro lado da margem, onde se vê o distrito de Luzimangues (Porto Nacional), palco de um por do sol que dá espetáculos diariamente.

Estado do Tocantins

Última unidade da federação a ser criada. Um estado belíssimo que é atravessado pelos rios Araguaia e Tocantins. Ambos os rios viajam por quilômetros e se encontram na divisa do Estado do Pará em uma região chamada Bico do Papagaio. Interessante, é que o trajeto dos rios e respectivas divisas dão ao estado também a forma de duas mãos unidas semelhante ao gesto de rezar (ou orar).

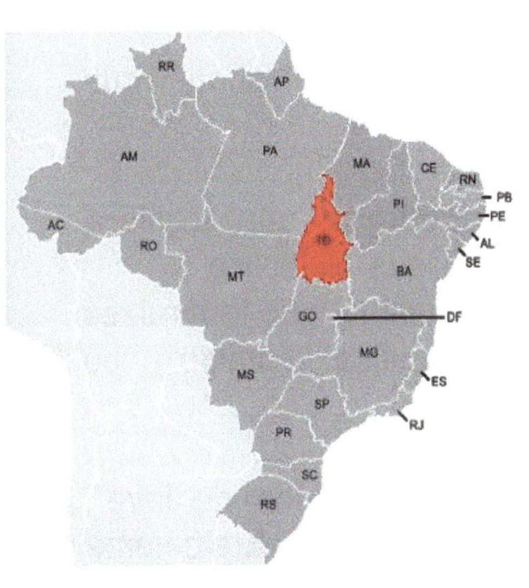

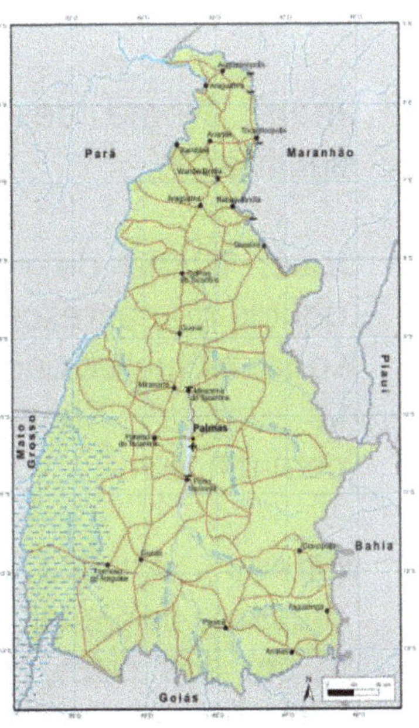

Nomes

André: Nome de origem grega que significa “homem valente”.

Charlotte: Significa "mulher livre".

Eliza: o Hebraico e significa "consagrada a Deus".

Ethan: Nome inglês cuja origem é hebraica e significa "forte", "firme", "sólido", "resistente", “duradouro”.

Imani: Nome de origem africana “suaíli” que significa “fé”.

José: Nome de origem hebraica que significa “aquele que acrescenta ou Deus multiplica”.
Koda: Nome de origem americana, que tem raízes na língua Sioux e significa “amigo” ou “companheiro”.

Mateus: Significa "dom de Deus", "dom de Javé", "presente de Deus", "dádiva de Deus"., Era o nome de um dos doze apóstolos que seguiram Jesus Cristo durante três anos. Antes disso, no entanto, Mateus era conhecido por ter sido coletor de impostos em Jerusalém. Os evangelhos contam que ele também era chamado de Levi, filho de Alfeu. Mateus é o autor de um dos quatro evangelhos da Bíblia.

Pedro: Nome de origem grega que significa "pedra"ou "rochedo".

Renato: Origem a partir do latim Renatus. A palavra Natus em latim significa "nascer", enquanto o prefixo "re", por sua vez, indica a repetição do ato, dando a origem ao significado de "renascer".

Vanusa: Nome de origem é Germânica que significa "esperança".

Personalidades

Adam Smith: Adam Smith (Kirkcaldy, c 5 de junho de 1723 – Edimburgo, 17 de julho de 1790) foi um filósofo e economista escocês, que teve como cenário para a sua vida o atribulado Século das Luzes, o século XVIII. É o pai da economia moderna, e é considerado o mais importante teórico do liberalismo econômico. Autor de Uma Investigação sobre a Natureza e a Causa da Riqueza das Nações, a sua obra mais conhecida, e que continua sendo usada como referência para gerações de economistas, na qual procurou demonstrar que a riqueza das nações resultava da atuação de indivíduos que, movidos inclusive (e não apenas exclusivamente) pelo seu próprio interesse (self-interest), promoviam o crescimento econômico e a inovação tecnológica. Em 1759, Smith publicou seu primeiro trabalho, A Teoria dos Sentimentos Morais (The Theory of Moral Sentiments no original). Continuou a fazer grandes revisões do livro até à sua morte. Apesar de A Riqueza das Nações ser considerada como a obra mais influente de Smith, acredita-se que o próprio Smith considerasse A Teoria dos Sentimentos Morais uma obra superior. Essa foi a obra utilizada neste livro.

Albert Einstein: Físico teórico alemão, que desenvolveu a teoria da relatividade geral, um dos pilares da física moderna ao lado da mecânica quântica. Também famoso por diversas frases tais como "A ciência sem religião é manca, e a religião sem a ciência é cega" e "Em vez de se tornar um homem de sucesso, tente tornar-se um homem de valor".

Aristóteles: Filósofo grego (Estagira, 384 a.C. – Atenas, 322 a.C.) discípulo de Platão. Foi um dos pensadores mais influentes da história da civilização ocidental.

Baltasar Gracián: Baltasar Gracián y Morales nasceu em Belmonte de Catalayud, em 1601. Ainda jovem, aos 18 anos, ingressou na Companhia de Jesus e pouco tempo depois, em 1641, já era considerado um pregador de renome. Seu livro mais conhecido, "A Arte da Prudência", é formado por 300 aforismos, através dos quais o autor explana sobre as relações humanas. É um livro que funciona como manual de estratégia para viver bem, levando em consideração a instabilidade do ser humano no campo emocional. Suas obras influenciaram grandes escritores como

Schopenhauer, Nietzsche, Voltaire e Jacques Lacan.
Buda: Siddhartha Gautama, mestre religioso e fundador do budismo no século VI antes de Cristo. Ele seria, portanto, o último buda de uma linhagem de antecessores cuja história perdeu-se no tempo. Conta a história que ele atingiu a iluminação durante uma meditação sob a árvore Bodhi, quando mudou seu nome para Buda, que quer dizer "desperto".

Confúcio: Nascido entre 552 a.C. e 489 a.C. foi um pensador e filósofo chinês do Período das Primaveras e Outonos. Sua filosofia sublinhava uma moralidade pessoal e governamental, os procedimentos corretos nas relações sociais, a justiça e a sinceridade. Os pensamentos de Confúcio foram desenvolvidos num sistema filosófico conhecido por confucionismo.

Edmund Burke: Considerado o pai do conservadorismo moderno, Burke enfatizou a importância da tradição, da ordem social e da prudência política. Ele criticou a Revolução Francesa e defendeu a preservação das instituições e valores tradicionais.

Erich Fromm: Foi um psicanalista, filósofo humanista e sociólogo alemão. Fez contribuições para a psicanálise, para a psicologia da religião e para a crítica social.

Friedrich Hayek: Economista austríaco, Hayek é conhecido por seu trabalho em defesa do liberalismo clássico e da economia de mercado. Sua obra "O Caminho da Servidão" critica o planejamento centralizado e enfatiza a importância da liberdade individual.

Hubbard: Elbert Green Hubbard (Bloomington, 19 de junho de 1856 — Oceano Atlântico, RMS Lusitania, 7 de maio de 1915) foi um filósofo e escritor norte-americano. Famoso por ser o autor do famoso ensaio "Mensagem para Garcia". Eu sou um anarquista. Todos os homens bons são anarquistas. Todos os homens bondosos; cultos e justos são anarquistas. Jesus era um anarquista. Elbert Hubbard, A Message to Garcia and Thirteen Other Things p.147. Hubbard descreveu a si mesmo como um anarquista e socialista.Ele acreditava na liberdade social, econômica, política, mental e espiritual. Hubbard escreveu em 1910 uma crítica da guerra, da lei e do governo no ensaio Jesus era um anarquista. Originalmente publicado como A Melhor Parte na sua obra Uma

mensagem a Garcia e Treze Outras Coisas. Ernest Howard Crosby descreveu este ensaio de Hubbard como "A melhor coisa que Elbert já escreveu".
Kant: Immanuel Kant (Königsberg, 22 de abril de 1724 – 12 de fevereiro de 1804) foi um filósofo alemão (nativo do Reino da Prússia) e um dos principais pensadores do Iluminismo. Seus abrangentes e sistemáticos trabalhos em epistemologia, metafísica, ética e estética fizeram dele uma das figuras mais influentes da filosofia ocidental moderna.

John Locke: (Wrington, 29 de agosto de 1632 – Harlow, 28 de outubro de 1704) foi um filósofo inglês conhecido como o "pai do liberalismo", sendo considerado o principal representante do empirismo britânico e um dos principais teóricos do contrato social. Como filósofo político, Locke pode ser considerado um precursor da democracia liberal, dada a importância que atribui à liberdade e à tolerância. O que estava em jogo era, obviamente, a tolerância religiosa, contra os abusos do absolutismo. De todo modo, suas ideias fundamentaram as concepções de democracia moderna e de direitos humanos tal como hoje é expressa nas cartas de direitos.

Madre Teresa de Calcutá: Anjezë Gonxhe Bojaxhiu M.C. (Skopje, 26 de agosto de 1910 — Calcutá, 5 de setembro de 1997), conhecida como Madre Teresa de Calcutá ou Santa Teresa de Calcutá, foi uma religiosa católica de etnia albanesa naturalizada indiana, fundadora da congregação das Missionárias da Caridade, cujo carisma é o serviço aos mais pobres dos pobres[2] por meio da vivência do Evangelho de Jesus Cristo. Em 2015, a congregação fundada por ela contava com mais de 5 mil membros em 139 países.[2] Por seu serviço aos pobres, tornou-se conhecida ainda em vida pelo codinome de "Santa das Sarjetas". Madre Teresa teve o seu trabalho reconhecido ao longo da vida por instituições dentro e fora da Índia, recebendo o Prêmio Nobel da Paz em 1979.[3] É considerada por alguns como a missionária do século XX. Foi beatificada em 2003 pelo Papa João Paulo II e canonizada em 2016 pelo Papa Francisco na Praça de São Pedro, no Vaticano.

Osvald Wirth: Joseph Paul Oswald Wirth (5 de agosto de 1860, Brienz , Cantão de Berna – 9 de março de 1943) foi um ocultista , artista e autor suíço . Estudou esoterismo e simbolismo com Stanislas de Guaita e em 1889 criou, sob a orientação de de Guaita, um Tarô cartomântico composto apenas pelos vinte e dois Arcanos Maiores. Conhecido como "Les 22 Arcanes du Tarot Kabbalistique", seguiu de perto os desenhos do Tarot de Marselha, mas introduziu várias alterações, incorporando o simbolismo oculto existente nas cartas. O baralho Wirth/de Guaita é significativo na história do tarô por ser o primeiro de uma longa linha de baralhos ocultos, cartomânticos e iniciáticos. Carta do mágico do baralho de tarô de Wirth de 1889. Seus interesses também incluíam a Maçonaria e a Astrologia. Ele escreveu muitos livros em francês sobre a Maçonaria, principalmente um conjunto de três volumes explicando os três primeiros graus da Maçonaria.

Voltaire: François-Marie Arouet (francês: 21 de novembro de 1694 — 30 de maio de 1778) foi um escritor, historiador e filósofo iluminista francês. Era famoso por sua sagacidade e suas críticas ao cristianismo — especialmente à Igreja Católica Romana — e à escravidão. Voltaire era um defensor da liberdade de expressão, liberdade de religião e separação entre igreja e estado.

Peter Singer: Peter Albert David Singer (Melbourne, 6 de julho de 1946) é um filósofo e professor australiano. É professor na Universidade de Princeton, nos Estados Unidos. Atua na área de ética prática, tratando questões de Ética de uma perspectiva utilitarista.

Platão: Filósofo e matemático do período clássico da Grécia Antiga, autor de diversos diálogos filosóficos e fundador da Academia em Atenas, a primeira instituição de educação superior do mundo ocidental.

São Tomás de Aquino: Tomás de Aquino, em italiano Tommaso d'Aquino (Roccasecca, 1225 – Fossanova, 7 de março de 1274), foi um frade católico italiano da Ordem dos Pregadores (dominicano) cujas obras tiveram enorme influência na teologia e na filosofia, principalmente na tradição conhecida como Escolástica, e que, por isso, é conhecido como "Doctor Angelicus", "Doctor Communis" e "Doctor Universalis". "Aquino" é uma referência ao condado de Aquino, uma região que foi propriedade de sua família até 1137. Tomás de Aquino tinha abordagens diferentes para com seus antecedentes como Agostinho de Hipona, pois conciliava a fé com a razão. Seu pensamento teológico e filosófico inspiraram inúmeras gerações de pensadores. Seu magnum opus é chamado Suma Teológica.

Sêneca: Lúcio Aneu Séneca (português europeu) ou Sêneca (português brasileiro) (em latim: Lucius Annaeus Seneca; Corduba, ca. 4 a.C. – Roma, 65) foi um filósofo estoico e um dos mais célebres advogados, oradores, escritores e pensadores do Império Romano. Conhecido também como Séneca (ou Sêneca), o Moço, o Filósofo, ou ainda, o Jovem, sua obra literária e filosófica, tida como modelo do pensador estoico durante o Renascimento, inspirou o desenvolvimento da tragédia na dramaturgia europeia renascentista.

Sigmund Freud: Sigmund Freud (nascido Sigismund Schlomo Freud; Freiberg in Mähren, 6 de maio de 1856 – Londres, 23 de setembro de 1939) foi um médico neurologista e importante psicanalista austríaco. Freud foi o criador da psicanálise e a personalidade mais influente da história no campo da psicologia. A influência de Freud pode ser observada ainda em diversos outros campos do conhecimento e até mesmo na cultura popular, inclusive no uso cotidiano de palavras que se tornaram recorrentes, mas que surgiram a partir de suas teorias. Expressões como "neurose", "repressões", "projeções" popularizaram-se a partir de seus escritos.

Sócrates: Sócrates (em grego: Σωκράτης, AFI: [sɔːkrátɛːs], transl. Sōkrátēs; Alópece, c. 470 a.C. – Atenas, 399 a.C.) foi um filósofo ateniense do período clássico da Grécia Antiga. Creditado como um dos fundadores da filosofia ocidental, é até hoje uma figura enigmática, conhecida principalmente através dos relatos em obras de escritores que viveram mais tarde, especialmente dois de seus alunos, Platão e Xenofonte, bem como pelas peças teatrais de seu contemporâneo Aristófanes. Muitos defendem que os diálogos de Platão seriam o relato mais abrangente de Sócrates a ter perdurado da Antiguidade aos dias de hoje.

www.ingramcontent.com/pod-product-compliance
Ingram Content Group UK Ltd.
Pitfield, Milton Keynes, MK11 3LW, UK
UKHW021836270726
14058UKWH00002B/175

9 786580 418046